雅室奢华

南宁职业技术学院 艺术工程学院

Collection of
Elegant Rooms

室内设计
优秀作品 集

The Outstanding Works Collection
of Interior Designs

书名题字：郑军健

编委机构 • Editorial Members

主　　编：黄春波

副主编：黄春峰　黎　卫

编辑委员：陈　锋　黄　芳　彭　颖
　　　　　梁华坚　蔡春艳　钟吉华

装帧设计：唐晓辉

英文翻译：许康平

图书在版编目（CIP）数据

雅室荟萃：室内设计优秀作品集/黄春波主编. —沈阳：
辽宁美术出版社，2007.9
　　ISBN 978-7-5314-3901-1

　　Ⅰ.雅… Ⅱ黄… Ⅲ.室内设计–作品集–中国–现代
Ⅳ.TU238

中国版本图书馆CIP数据核字（2007）第153317号

出 版 者：辽宁美术出版社
地　　址：沈阳市和平区民族北街29号　邮编：110001
发 行 者：辽宁美术出版社
印 刷 者：辽宁彩色图文印刷有限公司
开　　本：889mm×1194mm 1/16
印　　张：5
出版时间：2008年3月第1版
印刷时间：2008年3月第1次印刷
责任编辑：方　伟
封面设计：唐晓辉
版式设计：唐晓辉
技术编辑：鲁　浪　徐　杰　霍　磊
责任校对：张亚迪
ISBN 978-7-5314-3901-1
定　　价：36.00元

邮购部电话：024-83833008
E-mail:Lnmscbs@163.com
http://www.lnpgc.com.cn

Preface 序

　　"雅"通"夏"，为华夏文明之源。《雅室荟萃》为南宁职业技术学院艺术工程学院室内设计技术专业学生设计作品集，开卷首款《梦月茶馆》的学生室内设计获奖作品，承传雅乐、雅道、雅士、雅室、雅致同趣的国学传统，生发一股民族雅文化的格调优雅的清新之风扑面而来，代表有新世纪中国特色的新雅艺术追求。

　　"作品集"荟萃了近三年学生的优秀室内设计作品，记载了该专业于1997年开设至2007年十年成长历程的艰辛耕耘和春华秋实，凝聚了全体师生与合作企业携手共创高职教育人才培养模式的心血智慧和创新精神。创造了一个不是神话的"神话"：一届届艺术基础功底浅薄的高职新生，经过短暂三年天道酬勤的磨砺，奉献的是一幅幅景象万千、雅致大气、新意盎然的设计佳作；在广西高校界，实现了2002年室内设计技术专业荣获国家精品专业和2004年《居室空间设计》荣获国家精品课程的两个"零"的突破。

　　"国家精品"的境界，精在师生共创"教书育人的真境界"：老师以为人师表的人格魅力和循循善诱的导师心力，把"活知识、真本领"传授给学生，学生以主人翁的姿态，将"活知识、真本领"转化为综合素质能力和成才志向。一次次师生互融的课堂辩论、市场调研、民族景观采风、工程现场实习、项目设计实训、毕业设计作品展示，一路汇聚师生"苦有所成、乐在其中"的滴滴汗水和声声笑语，培植起学生鲲鹏展翅的自信和才干，滋润着老师喜看新苗茁壮的融融心田。

　　"作品集"以高职教育产学合作、工学结合的国家级品牌的骄人成果，向世俗偏见昭示：高职教育成功培养的毕业生一样能成为有竞争力和发展潜力的创新型设计人才，成才不是梦，有志者事竟成。

　　"作品集"以作品概念创意、设计规范、实训范例集合于一体，是一本有较强创造性、实用性和借鉴性不可多得的室内设计技术专业教学和实训辅助教材。

南宁职业技术学院艺术工程学院院长：黄春波

一、毕业设计主题 ◯
　　自然·人文·健康·和谐

二、毕业设计题目 ◯
　1. 概念性室内空间设计；
　2. 实用性室内空间设计；
　3. 民族性、地域性与现代设计、技术、材料相结合室内空间设计。
　　毕业生可根据以上所提供选题范围进行设计，也可结合实习公司工程项目或建筑装饰热点时尚及个人的特长进行选题。

三、毕业设计课题研究意义 ◯
　　依据课题研究，总结和提炼出课题研究意义。文中要提出自己的见解，表明自己赞成什么，反对什么。要特别交代清楚，已解决了什么问题，还存在什么问题有待进一步去探讨、去解决？解决它有什么价值？从而突出和点明选题的意义。

四、设计理念提炼 ◯
　　利用简短扼要的文字，提炼出能体现空间场所的精神主题及采用借鉴设计元素，这往往是设计作品的灵魂所在。

五、参考文献综述 ◯
　　选定题目后，围绕选题搜集有价值的文献，进行阅读，根据自己的研究心得及见解进行扼要总结、整理与归纳。参考文献附在文后，参考文献的编排应条目清楚，查找方便，内容准确无误。编写参考文献应注意以下几点：
　1. 参考文献一般应是正式出版、发表过的著作、文章和技术标准。
　2. 参考文献的排序一般按照论文参考引用的先后顺序，用阿拉伯数字排序，正文中凡引用参考文献的地方应加注。
　3. 要严格按照规范编写，列出的参考文献应与论文内容相关，不漏写、错写。
　4. 选择的参考文献应主要是近期。

六、毕业设计要求 ◯
　1. 要体现原创性、个性化和时代感；
　2. 要充分体现功能性和艺术性的完美统一；
　3. 要具有系统性和完整性；
　4. 要体现文化内涵和精神理念；
　5. 要体现健康、环保、可持续发展的设计理念；
　6. 毕业设计作品要成熟、精致，细部设计及构造经得起推敲，毕业设计选题、定位要结合自身实际，突出自身优势。

七、毕业设计作品要求 ◯
　1. 效果图：6张（电脑效果图3张，手绘3张）。要充分

体现设计方案的艺术表现力，完整、深入、注重细节表现。
　2. 平、立、剖、节点图：10张。设计图纸按施工图规范要求制作。
　3. 电脑图与手绘图相结合效果图：2张。要求充分表现具有个性化绘画技法。
　4. 设计方案说明：800字。
　5. 图纸：按投标方案文本规格A3统一制作，精装成一册。
　6. 毕业设计作品：A0号版式设计2张。
　* 以上毕业作品要求为基本要求，凡一项不符合要求者成绩评定为不及格。
　* 要毕业设计指导小组全体老师集体评出毕业设计一等奖1名、二等奖2名、三等奖3名，优秀奖若干名，颁发证书。
　7. （1）选题1、3、4、5、7需制作3～5分钟室内空间漫游动画；
　　　（2）选题2、6需做模型。

八、评分要求（总分100分）◯
　1. 设计表达思路清晰，毕业设计作品符合上述各点要求。并有充分体现。（20分）
　2. 毕业说明与毕业设计作品相结合，论述准确，逻辑严密，结构合理，内容充实，结论具有创新性。（15分）
　3. 实物制作、模型制作及动画漫游。（15分）
　4. 毕业设计作品系列文件项目完整、准确、规范，数量符合要求。（20分）
　5. 毕业设计体现时尚、健康、环保、可持续发展的设计理念。（10分）
　6. 毕业设计体现原创性和个性化、功能性与艺术性的完美统一。（10分）
　7. 毕业设计方案排版、系列条件打印和装帧效果符合设计构思及展示效果、要求。（10分）

九、指导老师 ◯
　1. 成立毕业指导小组，人员由校内专业教师和企业资深室内建筑师组成。
　2. 毕业设计指导教师要求具有强烈的责任心、使命感和积极进取的工作态度。每周对所指导的学生进行三次以上毕业设计指导。
　3. 定期集中开会研讨指导过程中存在的问题。
　4. 毕业设计指导分小组对其指导毕业设计作品及毕业设计说明进行评比，评出一组优秀毕业设计指导教师。
　5. 指导教师严格按照毕业设计任务书具体要求内容完成指导工作。

▲ 黄春波
国家教学名师
教授
院长
全国百名优秀室内建筑师
广西十佳资深室内建筑师

▲ 黄有迪
副教授

黎 卫　副教授
副院长

▲ 黄春峰
广西十佳室内设计师
讲师
教研室主任

▲ 陈伯群
教授
高级工艺美术师

▲ 陈峰
留日硕士研究生
讲师
教研室副主任

▲ 梁华坚
副教授
广西十佳室内设计师

▲ 黄芳　讲师
研究生

▲ 罗周斌
副研究馆员

▲ 彭 颖　副教授
硕士研究生

▲ 史梅荣　助教
硕士研究生

▲ 钟吉华
助教
高级室内设计师

▲ 柯 华　助教
研究生

▲ 蔡春艳
助教
高级室内设计师

◀ 胡永吉
园林工程师
国家一级注册建造师

目录 • Table of Contents

南宁职业技术学院 艺术工程学院

Collection of Elegant Rooms

室内设计优秀作品集

The Outstanding Works Collection of Interior Designs

I. 餐饮娱乐空间设计

Catering and Recreation Space Designs

梦月茶馆
Dreammoon Teahouses

设计: 梁华森 ◻
指导: 黄春波 左 加 ◻

第一届全国高职高专教育建筑类专业
优秀毕业设计作品比赛 一等奖

◻ 设计方案体现了中国茶文化雅的意境,用木构架构成了既围又透的固定空间。地面曲线运用增加了空间的动、静对比,柔和间接照明的运用体现了民族性雅文化的幽雅格调。

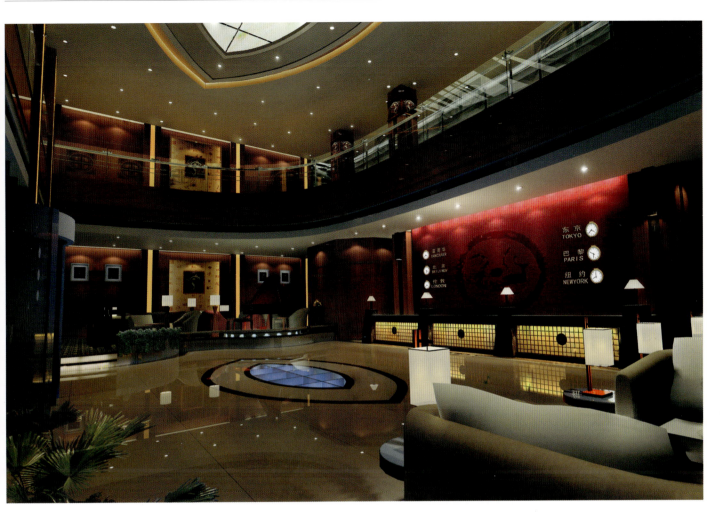

酒店空间设计
Hotel Space Designs

- 设计: 赖雪锋
- 指导: 黄春峰
  - 王 涛
  - 周念萱

品味人生
Tasting of Life

- 设计: 刘志鸿
- 指导: 黄春波　黄春峰　彭　颖

方案设计以"品味人生"作为设计主题，运用民族与现代结合的风格，强调点、线、面的巧妙运用。以白族的三道茶作为切入点，反映出勤劳智慧的白族人民质朴、纯真、自然、感情深厚的美德。蕴涵着先苦后甜、苦尽甘来的人生哲理和对美好生活的向往与追求。

　　方案设计主要以竹子为主题的休闲茶庄。在设计上运用了园林的手法，一步一景，把中式的元素加以提取，巧妙地把点、线、面连贯到一起，相互呼应，营造了一个"以境界为最上"的休闲空间。

题窗竹茶庄
Bamboo Theme Teahouse

　□ 设计：卢 发
　□ 指导：黄春波 黄春峰
　　　　　 彭 颖

景祥大酒店
King Hotel

设计：刘　瑜　吴晓楠

指导：黄春波　黄春峰　彭　颖

方案设计在追求传统符号的基础上，结合现代简约的手法，追求大空间的结构美和细部造型的同时，使酒店空间最大限度地与周围环境融合。色彩上运用米黄、红色和白色的相互映衬，体现出传统与时尚的完美结合。

■ 方案设计以水为主题的餐厅，设计上运用艺术玻璃作为主要装饰材料，利用其特殊的质感，创造出一个具有流动性的空间，给人一种既高雅时尚，同时又有回归自然的轻松感觉。

H2O西餐厅
H2O Western Food Restaurant

■ 设计: 杨兆华
■ 指导: 黄春波　黄春峰　彭　颖

酒店办公空间
Hotel Office Space

- 设计：周成谨　玉　淘
- 指导：梁华坚

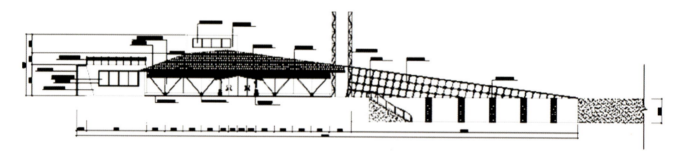

休闲娱乐空间
Recreation Space

▢ 设计:陈 瑜
▢ 指导:黄春波 黄春峰 彭 颖

▢ 方案设计以暖色调为主,突破以往KTV的快节奏感与喧哗感,在喧哗中带有平和静态的美感,在现代激情奔放的娱乐城中渗入经典的书法,更能陶冶人的情趣!

银河国际大酒店
Galaxy International Hotel

☐ 设计：陈意省 李 好
☐ 指导：陈 准 黄 芳

概念餐饮空间
Concept Catering Space

设计：方巧华 ▢
指导：黄春峰　陈锋 ▢

第二届全国高职高专教育建筑类专业优秀毕业设计作品比赛二等奖

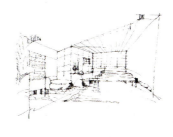

▢ 设计基调以正方形为基本形，大胆地运用于建筑外观墙体，突破传统的墙面结构。以变化方形为空间功能的划分方式。以特异方形为巧妙装束，功能空间的特异变形，陈设品不拘束的运用，增添空间气氛。

设计较好地运用了主题设计元素"方形"来表达作者的构思，并深化到细节，体现了该餐饮空间的定位及独特意境。设计空间布局合理，空间意境定位表达准确，色彩丰富、合理。

晶玉度假酒店
Crystal Jade Resort Hotel

设计：林寿誉　陈晋 ◘
指导：黄春波　黄春峰 ◘
　　　彭颖

◘ 设计以"水晶匣子"为设计蓝本，用简单流畅的线条，概念设计出了充满时代气息和个性特色的公共空间。以白色和黄色为主调，采用镜钢、云石和玻璃为主要材料，透过简单的线条和重叠的布置营造出细致和充满层次感的空间。

假日休闲酒店
Leisure Holiday Inn

◻ 设计：曾达聪
◻ 指导：黄春波 黄春峰 钟吉华

◻ 方案设计运用现代简约的手法，使材质在灯光的梳理下，显得休闲和温馨。在大堂墙体设计上，把外面的休闲环境引入大堂内，大堂整个气氛体现休闲的特点。咖啡区的彩色花纹地毯与吊灯周围的蓝色上下呼应，休闲的心情就不言而喻了。

纸醉金迷
主题KTV
Luxury and Dissipation
Theme KTV

- 设计：黎 洁
- 指导：黄春波 黄春峰
　　　彭 颖

进入酒吧，各种亮丽的艺术玻璃尽现眼前，仿佛来到七色的迷宫，绚丽彩灯辉照珠帘，承载着人们夜晚的疯狂宣泄，木地板铺就华丽如舞台般布置让人得以享受身心的愉悦，让白天的忙碌劳累得到彻底的放松。

蓝色生死恋 情人吧
Blue Valentine's Bar

- 设计: 赵明德
- 指导: 黄春峰 王 涛 周念萱

方案设计以中国新古典主义风格为主。材料上采用天然青石砖作为地面铺设材料，质朴无华，力求体现一种历史的凝练。莲、古筝相互交融，庄重而幽雅，以展现特有的室内空间效果。

美伦娱乐城
Splendid Recreation Center

☐ 设计: 付文华

☐ 指导: 黄春波　黄春峰　彭　颖

蓝色幻想酒吧
Blue Fantasy Bar

设计：孙 宇 ☐
指导：黄春波 黄春峰 钟吉华 ☐

梦泽健身会所
Dreampond Designs

□ 设计：赖　炎
□ 指导：黄春峰　陈　锋

□ Leisure Fashion Club

时尚休闲咖啡厅
Leisure Fashion Club

□ 设计：粟维平

□ 指导：黄春峰　陈　锋

□ 本设计以圆和曲线为主，贯穿整个设计。大厅设计赋予亮丽的色彩和高强度的反光材质，给人以强烈的时尚感；在小空间和家具设计理念上给人一种浪漫和休闲感。

茶坊
Tea Mill

- 设计：秦雪强
- 指导：黄春波　黄春峰

中国首届国际高等职业教育成果展，
环境艺术设计作品展铜奖

秋日私语茶坊
Autumn Murmuring Tea Mill

- 设计：黄雨暖
- 指导：黄春波　黄春峰　彭　颖

□ 作品以秋日私语为主题。橙色为基调，蓝色和绿色作为点缀，展现秋日黄昏被太阳的余晖洒过斑驳树枝的景象，空间透出一股宁静、休闲的品茶氛围。

休闲空间
Leisure space

设计: 余容武 ▯

指导: 黄春波 黄春峰 彭 颖 ▯

▯ 作品设计现代、简洁, 充分体现以人为本的设计思想, 浓厚的现代生活气息, 让人们在紧张的工作气氛中放松心情, 让人们的生活更精彩。

作品设计中的"迁、宽、整"概念在空间中蔓延。流畅的线条在空中迂回；宽敞的视野；整体空间动线流畅。各个功能区协调统一。采用木地板、大理石、地毯、钢材等材料营造出轻松的休闲环境，空间中流动着健康、韵律、青春的气息。

俏女子健身美容休闲中心
Leisure Beauty and fitness Centre

设计：陈海宇
指导：黄春峰　王　淘　周念萱

经典&时尚
Classics and Fashion

设计：潘才荣 ☐
指导：黄春波　蔡春艳 ☐

☐ 以现代手法重新诠释了传统美，将中国传统建筑中"重复"、"对比"、"虚实"手法融入所有空间。大堂以红色吊顶与地面拼花形成虚实对比；走道立面方形与圆形重复对比，互动交流，视觉上延伸空间；所有灯光色彩交互变幻，使空间的互动微妙且繁复，增加了神秘的感觉。

荷塘月色小茶舍
Lotus Pond and Full Moon Tea Hut

设计：李剑波 ▢

指导：黄春波 蔡春艳 ▢

▢ 作品着力表现了广西地域民族特色，由地形、水石、林木形成诗意自然的景观效果，体现壮族的审美情趣，细节决定品位，强调施工图细部创意。

静心茶庄
Voiceless Teahouse

□ 设计: 吕 娜
□ 指导: 黄春峰 陈 锋

翠云休闲茶庄
Azure Cloud Leisure Teahouse

□ 设计：彭宇然
□ 指导：黄春峰　陈　锋

印象茶馆
Impression Teahouse

- 设计：梁建荣
- 指导：彭 颖 叶卫良

Impressed
Teahouse

第二届全国高职高专教育建筑类专业
优秀毕业设计作品比赛 二等奖

作品选择文化休闲茶馆为设计
主题，中国印，书法的形、印的色为
基调，与茶馆空间的设计性格相契
合，立意准确，主题突出；作品的设
计思路推演清晰，通过设计元素分析
和设计效果表达等表现作品，设计深
度到位，方案完整。总体设计达到任
务书的目标要求。

南宁职业技术学院 艺术工程学院

Collection of
Elegant Rooms

室内设计优秀作品集

The Outstanding Works Collection
of Interior Designs

II.办公空间设计

Office Space Designs

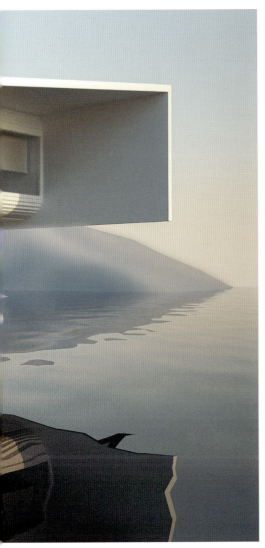

唯美办公空间
WEIMEI Office Space

☐ 设计：覃志辉
☐ 指导：黄春峰 陈 锋

第二届全国高职高专教育建筑类专
业优秀毕业设计作品比赛一等奖

WEIMEI Office
Space

现代主义
Modernism

☐ 设计:庞 捷
☐ 指导:黄春峰 陈 锋

LELE展示空间
LELE Display Space

设计: 陈春乐

指导: 黄春峰　陈　锋

魅力展示空间
Charm Display Space

☐ 设计: 黄威兵

☐ 指导: 黄春峰 陈 锋

第二届全国高职高专教育建筑类专
业优秀毕业设计作品比赛三 等奖

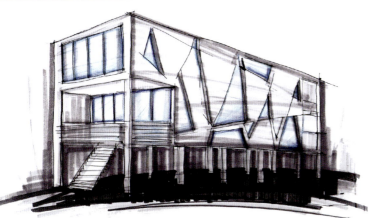

块面构成建筑
Piece-constructed Architectures

设计：廖　康 ▫
指导：黄春峰　陈　锋 ▫

第二届全国高职高专教育建筑类专业优秀毕业设计作品比赛二等奖

▫ 方案以点、线、面、体的形式组成了整个建筑的本身，是建筑的灵魂所在。整个空间通透灵动，形式丰富多样，简洁的色彩，很好地体现了时尚、现代的办公空间。

二作区B立重

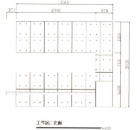

工作区C立曲

现代办公空间
Modern Office Space

□ 设计：秦志成
□ 指导：黄春波　黄春峰

音乐建筑
Music Houses

☐ 设计: 黄才盛
☐ 指导: 黄春峰 陈 锋

☐ 方案大胆地采用了黑、灰色调来
表现出空间的稳重、大气之感, 局部
采用了红色块面作为点缀, 使得空间
具有了青春的气息和时代感。

后现代主义印象
Post-modernism Impression

▢ 设计: 杨东平
▢ 指导: 黄春峰　陈　锋

蓝色港湾购物中心
休闲咖啡厅
Leisure Cafe of Blue Harbour Shopping Mall

设计：曾文星 龙飞雨 ▢
指导：黄春峰 陈 锋 ▢

▢ 橙色是激情，紫色是浪漫，黄色的灯光洒下的是温馨。空间以色彩作为主要表现手段，完好地表现了休闲而浪漫的咖啡厅设计主题。

黑白写意办公空间设计
Black and White Office Space Designs

设计：黄明碧 ❑

❑ 黑色与白色的互动，虚即是实，实即是虚。简单而不单调，高档而不奢华，方案营造了高档、简洁、灵动的办公空间。

博尚设计事务所
Boshang Design Firm

设计：欧 伟 ☐
指导：黄春峰 陈 锋 ☐

☐ 方案采用了玻璃、太阳能板与钢架相结合组成坡屋顶，满足了采光、能源采集的问题，立面利用线不同的组合手法打破了窗框及界面的呆板，丰富了立面及空间。通透明亮的空间，使室内外浑然一体，满足了人们亲近大自然的愿望。

简艺装饰设计
Brief Decorative Designs

☐ 设计：颜 鸿
☐ 指导：黄春波
　　　　黄春峰
　　　　钟吉华

BTU办公空间设计
BTU Office Space Designs

设计: 邓海辉 ▢

指导: 陈 准 ▢

黄 芳

□ X.d International Coperation Ltd. Office Designs

X.d国际有限公司办公室设计方案
X.d International Coperation Ltd. Office Designs

☐ 设计:杜 登
☐ 指导:黄春波 黄春峰

蓝色半透明体
Blue Translucent Body

设计:黄勇智

指导:黄春波 黄春峰 彭 颖

第一届全国高职高专教育建筑类专业优秀毕业设计作品比赛 优秀奖

方案设计充分运用蓝色的色彩性格,通过玻璃材料,朴素的点线面构成,干净的陈设布置,一种主色,一种主材,少即是多,营造一种冷静的办公氛围。

蓝色办公空间
Blue Office Space

- 设计：唐 伟 黄 敬
- 指导：黄春峰 彭 颖

第一届全国高职高专教育建筑类专业优秀毕业设计作品比赛 优秀奖

- 本作品以蓝色为主调，简单的几何直线造型吊顶，清水混凝土墙面，空间中恰当地以红色和绿色植物点缀，很好地契合了现代办公空间人文关怀意向。

⬚ Construction Firm

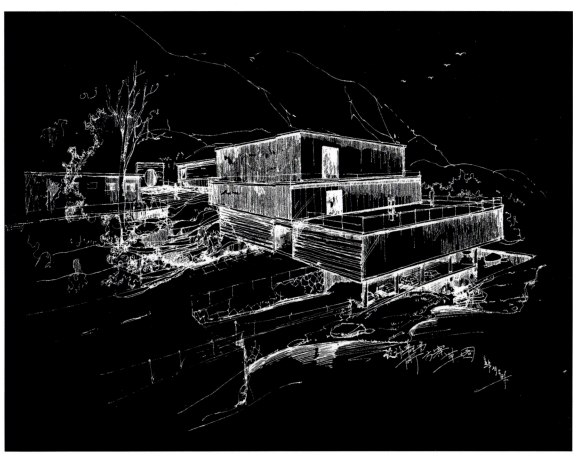

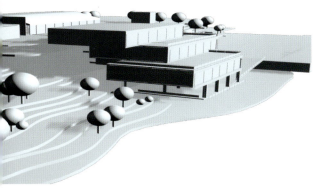

建筑事务所
Construction Firm

☐ 设计:张广龙　王文洁　胡敬涛
☐ 指导:陈 准　黄 芳

超越娱乐商务网络中心
Chaoyue Recreational Business Network Cetre

◻ 设计: 邓　贵

◻ 指导: 黄春峰　王　涛　周念萱

◻ 本作品通过灯饰、标牌的简洁造型，富于现代感、明快色彩，营造出年轻、时尚的白领休闲空间。

办公空间设计
Office Space Designs

◻ 设计：王大宁
◻ 指导：黄春波
　　　　黄春峰
　　　　彭　颖

第一届全国高职高专教育建筑类专业
优秀毕业设计作品比赛 优秀奖

◻ 方案设计以蓝色为主调，沉稳的暗红、赭石为辅色，简单的几何直线条灯罩和玻璃隔栅，会议室坡屋顶造型吊顶处理，整个空间冷峻不失生气，恰当地体现了现代办公空间温情的一面。

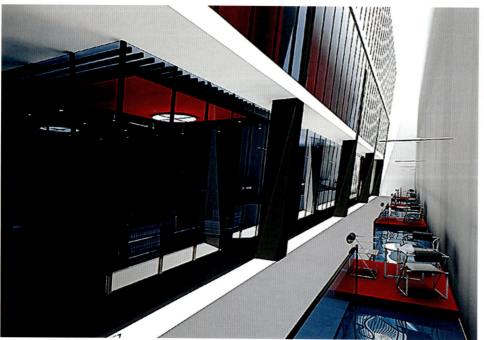

田梯对话
集装箱办公空间

☐ Container Office Space
　—Tin and Staircase Dialogue

☐ 设计:黄 华
☐ 指导:黄春峰 陈 锋

☐ "田"字是灵感的来源,田野、自然、广阔;"集装箱",是空间的构成模式,简单、多变、丰富;黑色,代表了肥沃的黑色土地;红色,代表了人们对丰收的畅想;水的流动满足了人们回归自然的渴望,自然、人、环境构建出来的和谐与统一。

黄色写艺办公空间
Yellow Atrs Office Space

▢ 设计:陆冰新
▢ 指导:黄春波　黄春峰　彭　颖

▢ 方案设计力求用简洁、轻快的设计语言表现现代办公环境，减少人们在工作过程中的疲劳，而黄色蕴涵着人们对光明的渴望，空间中大胆地采用了明亮的黄色，彰显了空间的张力，加强了空间的表现力。

异域办公空间
Domain Exotic Office Space

设计：覃　锋　韦丽云 ▢
指导：黄春波　黄春峰 ▢
　　　彭　颖

▢　设计手法简洁，设计理念反映了设计师的性格特征，有独特性。材料使用简单，技术措施能满足要求。

现代办公空间
Modern Office Space

设计: 韦先坤

指导: 黄春波 黄春峰

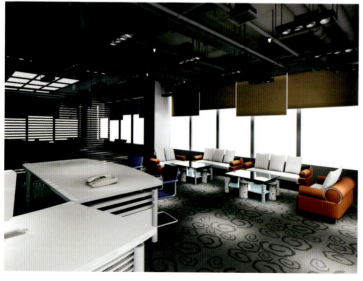

南宁职业技术学院 艺术工程学院

Collection of
Elegant Rooms

室内设计
优秀作品 集

The Outstanding Works Collection
of Interior Designs

Ⅲ. 居室空间设计

Interior Space Designs

生活色彩
Life Colors

□ 设计: 梁财荣
□ 指导: 黄春峰　陈　锋

花舞蝶影
Butterflies Playing around Flowers

□ 设计: 梁莉莉
□ 指导: 黄春峰　陈　锋

现代简约主义
Modern Simplicity

设计: 潘文杰

指导: 黄春峰　陈 锋

桃园别墅
Peach Guarden Villas

□ 设计: 李宏川
□ 指导: 黄春波　黄春峰　彭　颖

360°
风力旋转单身公寓
360° Wind Rotation
Single Apartments

☐ 设计：谭超尔
☐ 指导：黄春峰　陈　锋

依恋的地方
Lingering Land

- 设计：廖　静
- 指导：黄春波　黄春峰

本方案以灰色系为主，简洁的家具是居室装饰物主体。温馨的灯光营造了安全、稳重、温暖的绅士之家。

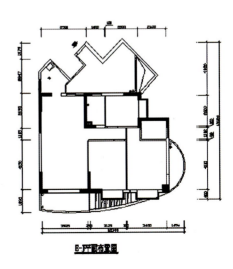

清晨五点半
Morning 5:30

设计:莫 曼 ▢

指导:黄春峰 陈 锋 ▢

- 外观顶视图
- 外观立面图
- 外观侧面图

山里的天空
Mountainous Sky

设计: 江海源 ☐
指导: 黄春峰 陈 锋 ☐

☐ 选址在山间溪涧之上，以壮族铜鼓为元素设计建筑造型，室内设计以淡木色为主，大面积玻璃面的使用，形成较好的室内外环境互融。

丽舍别墅
Beauty Villas

☐ 设计：曾　慧
☐ 指导：黄春峰　陈　锋

☐ 设计简洁、高雅，秉承了现代居室的传统，它打破了室内与室外的界限。落地的玻璃窗和巨大的玻璃滑门与外界形成了"隔而不隔，不隔则隔"的意境。把自然巧妙地引入室内，做到了自然和建筑的融合，建筑和人的融合，人与自然的融合，这种亲近自然的手法源于对自然的理解与尊重，同时又是取自于自然而回馈自然的高尚境界。

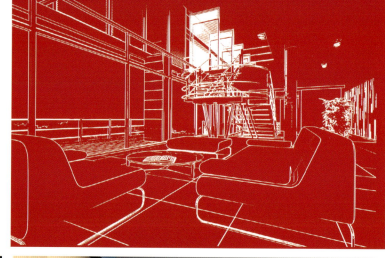

居室空间设计
Interior Space Designs

☐ 设计: 李金镇
☐ 指导: 黄春波

运动空间
Movement space

- 设计: 石御果
- 指导: 黄春波　黄春峰

- 设计灵感来源于运动的感受，流动而畅快。方案采用圆形为设计基本元素，利用不同形式的虚实圆形充盈了整个空间，营造了灵动、活泼、向上的新青年居室。

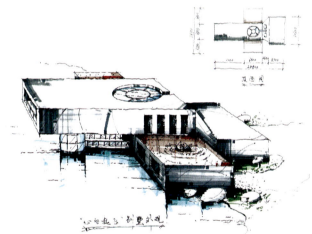

心的起飞 别墅设计
Heart Takeoff Villa Designs

☐ 设计: 郑 超
☐ 指导: 黄春波 黄春峰

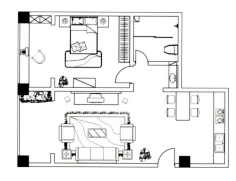

活跃抒情
Brisking Lyrics

设计：阳华军

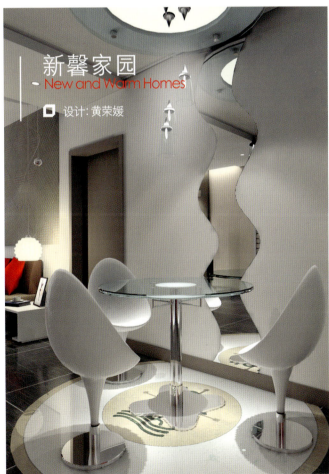

新馨家园
New and Warm Homes

设计：黄荣媛

家的韵律
Home Rhythm

设计：黄再江 ▢

指导：黄春峰 陈锋 ▢

▢ 中国传统架子床、博古架和木格子的重复使用，传统和现代样式家具混搭运用，使本作品的居室氛围传统的稳重中不失现代时尚感。

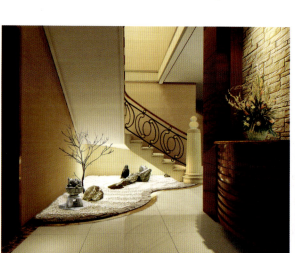

现代简约主义
Modern Simplicity

☐ 设计:严光浩
☐ 指导:黄春峰　陈　锋

☐ Modern Simplicity

居室空间设计
Interior Space Designs

- 设计: 黄丽梅
- 指导: 黄春波 黄春峰 彭 颖